퇴근하고 강릉 갈까요?

문득 떠나고 싶은 당신을 위한,
알찬 강릉 여행서

퇴근하고 강릉 갈까요?

문득 떠나고 싶은 당신을 위한,
알찬 강릉 여행서

어반플레이 지음

arte

여기에서
담배
피우지 마세요

Prologue

지난여름은 정말 혹독했습니다. 식을 줄 모르는 날씨에 하루하루를 보내기 버거워 가을이 오기만을 손꼽아 기다리곤 했습니다. 그런 나날의 끝자락에 강릉에 다녀왔습니다. 북쪽 주문진부터 남쪽 옥계까지, 경포대·오죽헌 등 문화재와 최근 핫플레이스로 떠오른 명주동 적산가옥 거리 등, 다양한 공간과 시간의 결을 담아서 돌아왔습니다.

취재 다음 날, 언제 그렇게 더웠냐는 듯 선선한 바람이 불었습니다. 조금 억울한 마음이 들어서 강릉에 다시 가야겠다고 마음먹었습니다. 시간에 쫓겨 제대로 먹지 못한 것들을 꼭꼭 씹어 먹고, 스치듯 들른 곳에 차분히 앉아 있다 오리라 생각했습니다.

그래서 언제 다시 가면 좋을지 속으로 종종 점쳐보곤 합니다. 계절에 따라 다녀온 곳들이 어떻게 모습을 바꿀지 저를 그곳에 놓아보면서요. 이렇게 쓰다 보니 아무래도 한 번으로는 안 될 것 같습니다. 몇 번 틈날 때마다 꾸준히 가야 모두 눈에 담을 수 있지 않을까 싶습니다.

이 책의 테마는 '영화 속 강릉 다녀오기'입니다. 촬영지 몇 곳을 씨앗 삼아 책을 구성했습니다. 그렇다고 단순히 유명 촬영지 정보를 나열해놓지는 않았습니다. 그런 정보는 강릉을 속속들이 알려주지 못하기 때문입니다.

'로컬 큐레이터' 지면에서는 로케이션 매니저 김태영과 영화감독 조성규의 이야기를 전합니다. 모두 '발견하는 기쁨'을 아는 사람들입니다. 로케이션 매니저는 영화, 드라마 등의 촬영지를 찾아 전국 구석구석을 돌아다닙니다. 매일 200km

이상 운전하고, 발길이 잘 닿지 않는 곳까지 다니며 영상이 감독의 의도대로 최대한 구현될 수 있도록 합니다. 여행하며 영화를 발견하고, 일에서 다시 여행을 발견하는 김태영 매니저의 시선으로 강릉을 따라가기를 권합니다.

조성규 감독은 10년째 강릉을 찾고 있습니다. 다녀도 다녀도 끊임없이 솟아나는 매력에 빠진 탓입니다. 이렇게 발견한 곳들을 그는 꾸준히 영화에 녹여냈고, 2018년 여름 여섯 번째 강릉 배경 영화 촬영을 마쳤습니다. 강릉에서 찍은 영화만 해도 여섯 편인데, 영화에 담지 못한 이야기는 얼마나 많을까요. 현지인보다 강릉을 더 잘 아는 그의 인터뷰를 꼭 읽고 떠나길 추천합니다.

300년 고택 '선교장'의 이야기 또한 풍부하게 담았습니다. 〈식객〉 〈관상〉 〈상의원〉 〈사임당, 빛의 일기〉 등 수많은 사극의 촬영지로 쓰인 곳입니다. 9대째 이곳을 가꿔온 이강륭 장주의 입을 통해, 조선시대부터 2018평창동계올림픽이 열린 최근까지의 세월을 전합니다. 이곳의 세월을 좀 더 깊이 느끼고 싶다면 숙박 예약을 하고 하루 머물러보아도 좋겠습니다. 에디터가 하루 묵고 체험 에세이를 썼으니, 읽어보며 그곳의 분위기를 미리 느껴보면 더욱 좋겠습니다.

하루이틀 시간을 내서 훌쩍 다녀올 수 있도록 만들었습니다. 어반플레이가 큐레이션한 루트를 고스란히 따라가도 좋고, 소개된 곳을 마음대로 엮어서 다녀도 좋겠습니다. 문득 떠나고 싶은데 아무것도 준비하지 못했을 때 더욱 도움이 될 것입니다. 몇 번이고 읽히는 책이 되어서 '강릉앓이'에 빠지는 사람이 늘어나길 바랍니다.

Index

5 **Prologue**

22 **로컬 큐레이터 Local Curator**
강릉 사람보다 강릉을 더 잘 아는 사람들

26 인터뷰 여행이며 여행이 아닌–로케이션 매니저 김태영
40 인터뷰 렌즈 안팎에 담아온 강릉–영화감독 조성규

66 **선교장 Seongyojang**
손님을 넉넉히 품어주는 300년 한옥 쉼터

68 인터뷰 시간의 더께에 깃든 고귀한 마음–선교장 장주 이강륭
86 에세이 낯선 여행지의 익숙한 밤–한옥 스테이 체험기

102 **루트 큐레이션 Route Curation**

106 사천 #좁은해변 #거친파도 #물회의정석
114 명주 #적산가옥 #봄날은간다 #요즘강릉
120 옥계에서 심곡까지 #아침해변 #인생드라이브 #숨은서핑스팟

128 **강릉에 가기 전 체크해두어야 할 50곳**
PLACE 50

로컬 큐레이터 Local Curator

영화와 여행, 그리고 강릉
이 세 가지를 아는 두 사람의 이야기

김태영
로케이션 매니저

조성규
영화감독

여행이며 여행이 아닌

로케이션 매니저
김태영

Location Manager

어반플레이 에디터로 일한다고 하면 이런 이야기를 듣는다. “회사에서 제주도도 보내주니? 진짜 좋겠다.” “여행도 많이 다니겠다. 부러워.” 그럴 때면 취재 전후에 해야 할 일이 얼마나 많은지 요목조목 말해주고 싶어진다. 예산서 작성, 인터뷰이 섭외, 포토그래퍼 및 디자이너와 일정 조율, 출장지 사전 조사 등등 셀 수 없다. 김태영 로케이션 매니저의 처지도 비슷했다. 인터뷰 내내 그의 전화벨은 쉴 새 없이 울렸고, 그는 확정하거나 취소하고, 싫은 소리를 하거나 양해를 구하는 일을 반복했다. 그럼에도 지친 기색 한 번 하지 않고 씩씩한 목소리로 일을 처리했다. 로컬 콘텐츠 에디터인 나와는 비교할 수 없을 정도로 훨씬 많은 곳을 돌아다니고, 더 많은 사람들과 일을 조율하면서도 말이다.

김태영

이야기를 듣고 들려주기를 좋아하는 로케이션 매니저. 3,000여 편이 넘는 CF와 〈타짜〉, 〈쌍화점〉, 〈아저씨〉 등 수많은 영화, 드라마, 뮤직비디오 촬영지 매니징을 담당했다. 2002년부터 일하며 쌓아온 자료를 홈페이지 ‘로케이션 마켓’을 통해 사람들과 공유한다. 평창동계올림픽 성화 봉송 루트 자문위원을 맡았고, 현재는 문화체육관광부와 한국관광공사가 주관하는 ‘2018 봄·가을 여행주간’을 ‘TV 속 여행지 찾아가기’라는 테마로 이끌고 있다.

로케이션 매니저는 어떤 일을 하는 사람인가요?

로케이션 매니저는 나침반 같은 역할을 해요. 공간에 대한 방향성을 설정하는 거라고 생각하면 됩니다. 시나리오는 텍스트로 되어 있잖아요. 그에 걸맞은 촬영 장소를 현실에서 찾아내고 구현하는 역할을 합니다. 상상을 현실로 만드는 가장 중요한 다리라고 할 수도 있겠습니다. 최근에는 통일부 광고 때문에 민통선 안쪽과 연평도를 다녀왔어요. 문화체육관광부와 한국관광공사가 주관하는 '가을 여행 주간' 기획 차 울진에 현장 답사를 다녀오기도 했구요. 인터뷰 끝나고는 영화 장소 섭외 때문에 양양공항에 가야 해요.

촬영 장소는 어떤 기준으로 섭외하시나요?

우선 감독의 생각과 정확히 부합하는 곳이어야 해요. 그런 공간을 알아보려면 스토리와 캐릭터를 파악하는 역량이 꼭 필요하죠. 또 찾아냈다고 하더라도 촬영하기에 적합한 환경인지 살펴야 해요. 채광이나 주변 소음 등을 꼭 체크해야 합니다. 예를 들어 다 좋은데 주변에 냄비 공장이 있어 하루 종일 소음이 심하다면 아웃입니다. 만약 긴 레일 같은 장비가 필요하다면 그것들이 다 들어가는지도 살펴야 하구요. 촬영 프로세스를 이해하지 못하면 하기 힘든 일이에요.

그렇게 한 번 찾은 곳은 다음에도 계속 활용하나요?

감독의 의도, 작품의 성격이 그때그때 다르니 다시 활용하기는 힘들어요. 한두 번 쓰이고 마는 경우가 대부분입니다. 그래서 '로케이션 마켓'이라는 웹사이트를 만든 거예요. 제가 그동안 쌓아온 공간 정보를 필요한 사람들에게 공유하려구요.

원래는 강릉에서 촬영하기 좋은 곳 여쭤보려고 했는데 좋은 질문이 아닐 것 같네요.(웃음)

네. 단순히 촬영하기 좋은 곳이라고만 물으면 말씀드리기 힘듭니다.(웃음)

그럼 여행 이야기를 좀 더 해볼까 해요. 로케이션 매니저가 여행 콘텐츠까지 기획할 줄은 몰랐거든요.

로케이션 매니저는 촬영 현장에 유용하고 집중적인 인물이기는 하나 영상 외적인 일까지는 확장력이 없어요. 여행이랑도 관련이 없었죠. 그러나 우리가 갖고 있는 콘텐츠를 여러 플랫폼을 통해 공개하면서 여행 콘텐츠 관련 문의가 계속 들어오고 있어요. 여행 작가가 영화 이야기까지 할 수 있을까 생각하면 분명하지 않은 측면이 있지만, 로케이션 매니저는 영화, 드라마 촬영 뒷이야기에 여행지 추천까지 할 수 있어서 그렇지요. 점점 여행 콘텐츠 제작자이자 공간 스토리텔러로서 자리를 잡아가고 있습니다.

요즘 스크린 투어리즘Screen Tourism이라는 말이 생길 정도로 사람들이 텔레비전 프로그램이나 영화에 나온 장소에 열광적으로 방문하곤 하잖아요. 제 동생도 얼마 전에 강릉을 즉흥적으로 다녀왔는데 〈도깨비〉 촬영지를 방문했다고 하더라구요.

아마 처음 〈도깨비〉를 봤을 때는 가봐야겠다는 생각까지는 안 했을 거예요. 그런데 그 장면이 회자되면서 더 가고 싶어진 거죠. 후폭풍 같달까요. 강원도 동해에서 태어난 제게 바다와 방사제는 아주 일상적인 그림이거든요. 그런데 만약 그곳이 살인하는 장소라든가, 부정적인 장면의 배경으로 쓰였다면 갔을까요? 영화는 재밌게 봤지만 공간이 좋게 기억되지 않아요. 제가 매니징을 했던 〈타짜〉나 〈추격자〉, 〈아저씨〉, 〈내부자들〉 다 사람 죽이고 그러잖아요. 그 영화 촬영지를 찾아간다는 사람 거의 못 봤어요. 그렇다면 〈도깨비〉처럼 아름다운 장면에 쓰인 곳에는 왜 방문할까요? 저는 연예인 만나고 싶어 하는 마음과 같다고 생각했어요. 만나는 것만으로도 좋을 때가 있잖아요. 마찬가지로 촬영지에 방문한 것만으로도 의미가 있는 거죠. 이야기가 벌어질 때는 어떤 느낌이었을까, 그때의 인물의 감정을 같이 느껴보고 싶은 거 아닐까. 그런 생각을 했어요.

그러면 사람들이 왜 요즘 로케이션 매니저에게 여행에 대해 묻는 경향이 생겼는지, 대표님의 의견이 궁금합니다.

예전보다 시대가 좀 변했어요. 사회관계망이 거미줄처럼 촘촘해지면서 고급 정보가 많이 없어졌어요. 예전에는 어디 좋다 그래서 가면 정말 좋았는데 요즘은 그렇지 않아요. 거짓일 가능성도 높고, 100명이 있으면 100곳을 좋다고 하니까 그렇게 되기도 하구요. 그래서 조금이라도 신빙성이 더해져야 가게 되는 거죠. 영화에 나왔다거나, 드라마에 나왔다거나 하는 식으로요. 앞으로 더 심화될 가능성이 높다고 봐요.

이곳저곳 다니기에도 시간이 모자랄 텐데, 여행 콘텐츠 작업까지 하면 벅차지는 않으신가요?

정신없을 때가 많죠. 전화만 하루에 200통 받은 날도 있고, 영화 촬영에 필요한 장소가 10곳이라고 하면 10곳 모두 미팅하고 컨펌을 받아야 해요. 이번에 민통선 다녀올 때는 처리해야 할 서류가 정말 많았어요. 그래도 이런 일 하나하나에 스트레스받는 성격이 아니라서 괜찮습니다. 또 쌓이다 보면 감당하기 어려울 때도 있는데 그럴 땐 직원들한테 도와달라고 솔직하게 말하곤 해요. 처음부터 이랬던 건 아니에요. 5년차 때까지는 엄청 일만 했죠. 업계에서 이름을 알리기 시작할 때였어요. 그러던 어느 날 몸이 신호를 보내더라구요. 혈변이 나온 거예요. "이렇게 살다가 죽겠구나" 하는 생각이 들었고 바로 가족과 미국에 한 달 동안 쉬러 갔어요. 그때 여러 생각을 했어요. 내 삶인데 내가 살고 싶은 대로 잘 조절해야 하지 않을까. 왼쪽으로 가고 싶을 때 왼쪽으로 가고 브레이크 밟고 싶을 때 브레이크 밟아야 하지 않을까 하는 것들이었어요. 미국 가기 전엔 그런 생각조차 하지도 못했는데, 이제는 달라요. 정신없이 다니는 중에도 책을 읽거나 나를 돌아볼 수 있는 여유가 생겼어요.

그런데 로케이션 매니저가 힘든 직업이 아니라고 생각하는 사람도 많을 듯해요. "여행 다니면서 돈 버니까 엄청 널널하고 좋은 일 아니냐?"고 여기는 사람도 많을 것 같구요.

우선 말씀드리자면 굉장히 힘든 직업입니다.(웃음) 오죽하면 제 아내가 제게 맨날 "도대체 자기는 어떻게 그렇게 살아?" 하고 물을 정도예요. 그렇다면 이건 제 마음가짐에 달린 거죠. 하루에도 기본 200km는 운전하고 다니고, 운전하는 내내 블루투스로 통화하는데 그 과정을 여행이라고 생각하지 않으면 얼마나 힘들겠어요. 그래서 저는 잠깐 들르더라도 꼭 방문한 곳의 이야기를 기억하려고 해요. 여행에서 느끼는 것을 일에서 얻으려고 한달까요. 얼마 전에 답사 차 울진에 갔다고 했잖아요. 그때도 만화가 이현세 선생님이 태어난 조그만 마을을 짬을 내서 둘러봤어요. 만화의 시골 풍경이 어떻게 나온 건지 생각해보기도 하고 그랬죠. 이렇게 해두면 다음에 울진에 대해서 말할 때 더 풍부하게 말할 수 있어요. "울진 멋지고 좋아"라고 말하는 거랑 "만화가 이현세 선생님 고향이 울진인데 그 마을에 들르니 만화의 한 장면이 딱 생각나더라"라고 말하는 거랑 사람들에게 가 닿는 정도가 다르지 않을까요.

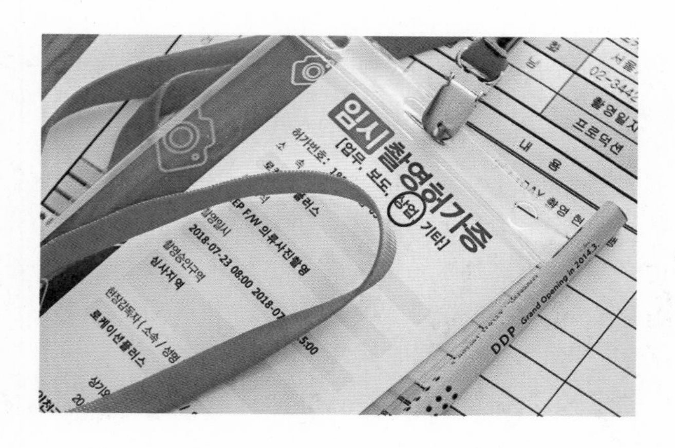

사실 사람들은 "이 영화는 어디서 찍었다" "저 드라마는 미국에서 찍은 것 같지만 사실 한국 어느 해변이다" 같은 촬영지 이야기를 듣는 걸 더 기대하지 않나요?

물론 그렇죠. 하지만 제게 있어서 이현세 만화가 이야기 같은 경우나 촬영 뒷이야기 모두 제가 일을 열정적으로 이어가게 하는 동력이에요. 저는 이야기를 듣고 전달하는 걸 원체 좋아해요. 사적이나 고택 등 문화재를 방문하면 꼭 안내문부터 읽어보고 그래요. 산속 마을에 가면 동네 할아버지께 마을 역사를 물어보기도 하구요. 촬영지 이야기는 제가 로케이션 헌팅을 사랑하고, 그걸 전문성을 갖고 가공해내는 재미가 있어서 소개하고픈 마음이 크죠. 이 두 가지가 기다리고 있으니까 처리해야 할 일들을 웃으며 넘기는 거예요. 마치 쌍끌이마차라고나 할까요.(웃음)

고향이 강원도 동해라고 하셨어요. 동해 사람인 대표님에게 강릉은 어떤 곳인가요?

강릉에는 고모가 살았어요. 강릉 부잣집 막내아들인 고모부에게 고모가 시집을 가면서 살게 된 거죠. 그래서 어렸을 때 고모댁 간다고 하면 서울 가는 것처럼 좋았어요. 집이 워낙 좋아서 주눅이 들기도 했지만요. 어릴 땐 터미널에 내려서 고모댁까지 가는 데 시간이 꽤 걸리곤 해서 강릉이 엄청 큰 도시인 줄 알았는데, 어른이 되어서 차로 한번 돌아보니까 별로 크지 않더라구요.(웃음) 로케이션 매니저의 관점에서 이야기하자면, 강릉은 아주 차분하고 고급스러운 공간이에요. 오죽헌, 허난설헌 생가 등 고택이 주는 중후함이 크죠. 요즘은 커피를 중심으로 세련된 분위기가 자리를 잡고 있구요. 작은 창고나 동네 골목길에 있는 방앗간, 한옥 등이 카페로 많이 바뀌는 추세잖아요. 또 소나무와 바다, 호수가 어우러진 곳을 찾으라면 강릉밖에 없기도 하구요.

동해가 강릉 남쪽이랑 가깝잖아요.
그쪽에 가볼 만한 곳 추천해주실 수 있을까요?

옥계해변에 꼭 가보세요. 강과 바다가 합쳐지는 곳이 있는데 유속이 빠르고 발이 쑥 꺼지기도 해서 어릴 때 건너가다가 죽을 뻔한 적이 있어요. 저희 형님도 발이 쑥 빠져서 선글라스를 물에 빠뜨렸어요. 그걸 주우려고 잠수를 했는데 시체 두 구를 발견했어요. 형님이랑 같이 건졌는데 그 모습을 아직도 못 잊어요.

그런데 아까 말씀하신 것처럼 그다지 아름다운 이야기는 아니라서 사람들이 가고 싶어 하지 않을 것 같아요.(웃음)

그렇네요.(웃음) 그래도 오죽하면 이곳을 옥계(玉溪)라고 하겠어요. 물이 엄청 맑으니까 그렇겠죠. 정선에서 나는 물이 여기까지 내려오는 거예요. 또 옥계해변 근처에 있는 솔밭을 꼭 가봐야 해요. 저평가되기도 하고 잘 알려지지 않아서 아쉬워요. 옥계해변에서 금진 쪽으로 가면 금진항이 나오는데, 그곳을 지나서 심곡항까지 가는 바닷길이 아주 좋아요. '헌화로'라고 하는데, 꼭 이른 아침에 가봐야 해요. 최고의 드라이브 길이거든요. 파도 치면 위험하지만, 수많은 영화와 광고를 그곳에서 촬영했어요. 드라마 〈시그널〉 마지막 장면도요. 그리고 심곡항에서 정동진 해안까지 '바다 부채길'이라고 트레킹 코스가 생겼어요. 요즘 아주 인기가 좋아요. 강릉 도심에서 제가 가장 좋아하는 공간은 허난설헌 생가 뒤편에 있는 소나무숲이에요. 되게 큰 소나무들이 있는데 울진의 금강송처럼 일자로 쭉 뻗은 게 아니라 약간씩 휘어 있어요. 과하게 휘지 않은 디테일이 좋아요. 갈라지는 길목마다 벤치가 놓여 있어서 그곳에 들르면 꼭 한 번씩 앉아 있다 오곤 해요. 다 가보시면 좋겠어요.

Editor's Pick

허난설헌 솔숲

강원도 강릉시 난설헌로193번길 1-16

강릉 시내에 있는 울창한 숲이다. 경포호에서 가까워 이곳으로 산책을 와도 좋다. 김태영 매니저의 말처럼 이곳에 앉아 소나무를 가만히 바라보면 더욱 좋겠다. 속마음을 들어주는 것은 파도 말고도 여러 가지가 있을 테니까.

렌즈 안팎에 담아온 강릉

영화감독
조성규

Film Director

자주 다니는 곳의 옛날 사진을 인터넷에서 우연히 발견할 때가 있다. 40년대, 70년대 등 다양한 시절과 풍경이 담긴 것들이다. 익숙하면서도 낯선 느낌에 한참을 들여다보게 되는데, 그럴 때면 나도 내 집 앞 사진을 매일 하나씩 찍어 잘 보관해두고 싶어진다. 물론 그때만 반짝 생각하고 마는 것이지만 말이다. 10년 동안 꾸준히 강릉에 마실가듯 다니고, 그곳을 배경으로 영화를 다섯 편 찍어온 사람이 있다. 영화에는 강릉의 10년이 켜켜이 묻어 있었고, 나는 그의 강릉 이야기가 무척 궁금했다. 섭외를 위해 연락을 하니 강릉에서 여섯 번째 영화를 찍고 있다고 했다. 출장에 맞춰 만나기로 했고, 그는 가장 좋아하는 카페를 인터뷰 장소로 잡아주었다.

조성규

**'강릉앓이'에 빠진 영화감독.
1997년 영화잡지 『네가』 창간 후 2002년 영화사 스폰지 Ent.를 설립했다.
〈맛있는 인생〉(2010)으로 감독 데뷔 후 〈내가 고백을 하면〉(2012),
〈산타바바라〉(2013), 〈플랑크 상수〉(2014), 〈어떤이의 꿈〉(2015),
〈어떻게 헤어질까〉(2016), 〈실종2〉(2017) 등의 작품을 연출하였다.**

하시는 일이 많더라구요. 간단히 소개부탁드립니다.

21년 정도 영화 관련 일을 해왔습니다. 친구들과 영화잡지 『네가』를 만들면서 처음 시작했구요. '스폰지하우스'라는 독립영화 전용관을 오랫동안 운영했고 영화 수입을 2000년부터 계속 해왔습니다.
그 외 제작 및 투자, 배급 등 전 분야에 걸쳐 일을 했어요.
꽤 오랫동안 카페도 운영했구요. 최근에는 다 정리하고 영화 연출 외에는 하고 있지 않습니다.

감독님 영화 중에 강릉 배경 영화가 네 편이더라구요.
그런데 여기 카페 벽에 보니 〈각자의 미식〉이라는 영화 배우들 사진이 있던데 그것도 강릉 배경으로 찍은 건가요?

〈각자의 미식〉은 작년 가을에 찍은 작품인데요. 강릉문화재단에서 작업을 의뢰한 영화예요. 외국인 대상으로 강릉 음식을 소개하는 콘텐츠가 있으면 좋겠다고 하더라구요. 임원희 씨, 박규리 씨가 함께 식당을 다니며 음식을 소개하는 페이크 다큐예요. 가을에 교토 영화제에서 먼저 소개되고, 한국에는 올겨울에 개봉 예정이에요. 이게 작년에 만든 다섯 번째 강릉 영화구요. 지금은 여섯 번째 강릉 영화를 촬영하고 있습니다. 〈발광하는 현대사〉가 제목이고, 강도하 씨 원작 웹툰으로 유명하죠. 원작의 배경은 서울인데요, 각색을 하면서 서울에서 스토리를 전개하기에는 제한적인 부분이 많다고 판단해 아예 배경을 강릉으로 바꾸었습니다. 제가 지금까지 영화를 총 열네 편 연출했는데 그중 여섯 편이 강릉 배경이에요.

감독님 작품 중에 1/3에서 1/2 정도 되는 셈이네요. 강릉이 감독님이 작품 활동하는 데 원동력이 되는 건가 궁금합니다.

원동력까지는 아니지만 제 이야기를 풀어갈 수 있는 장소라고 생각해요. 2008년 정도에 우연히 오게 되었는데 정말 좋더라구요. 시간 날 때마다 계속 올 정도로요. 그러다 강릉에 오는 여행자가 주인공인 영화를 찍고 싶어졌고, 제 이야기를 얹히면서 첫 영화 〈맛있는 인생〉을 찍게 된 거죠. 세 편까지 찍은 뒤에는 더는 만들 이야기가 없겠구나 싶었어요. 그런데 영화를 찍는 동안 여기 '카페 교동899' 사장님, 요 앞 술집 사장님 등 강릉 분들이랑 가까워졌고 이야기를 듣게 되었어요. 그들의 이야기를 담는 식으로 계속 이어갈 수 있게 되더라구요.

강릉을 10년 째 다니는 건데, 어떤 면이 그렇게 좋으신가요?

이곳에는 과거와 현재, 미래가 공존해요. 뿌리가 단단한 도시랄까요. 이런 도시는 단연코 대한민국 어디를 가도 없어요. 제가 주로 영화를 많이 찍었던 명주로 뒤쪽은 '하슬라'라는 이름으로 신라시대부터 있던 지역이에요. 조선시대 관아도 있고 일제강점기 때 적산가옥,

중국식 가옥, 한국 50년대 이후 양옥집까지 다 존재해요. 중간 중간 많은 집이 카페로 바뀌는 게 아쉬워요. 최근에는 올림픽까지 열리면서 현대식 건물과 아파트가 많이 생겼지만 아직도 바닷가에는 어촌 마을이 있는 점도 좋구요.

지금은 영화 때문에 계속 계시는 거잖아요.
원래는 얼마나 자주 오세요?

1달에 1번 정도는 오는데 길게는 안 있어요. 당일치기나 1박2일 정도죠.

한 곳에 이렇게 꾸준히 다니는 게 신기하네요.

강릉이 좀 특수한 경우예요. 원래는 역마살이 좀 있어서 오래 못 있습니다. 요즘은 여행을 저가 항공 애플리케이션 살펴보다가 최저가 뜰 때마다 가곤 해요.

보통 여행은 마음먹고 가야 하는 거잖아요.
일상이 빡빡해서 여유 내기도 쉽지 않구요.
그런데 어떻게 그렇게 갈 수 있는지 궁금해요.

한때 일에 파묻혀 살았었기 때문이 아닐까 생각해요. 제가 한창 영화 수입하러 다닐 때 잘 모르는 사람들은 "재 또 외국 갔다. 좋겠네." 이렇게 말했어요. 그런데 아니거든요. 일하러 가는 거였고, 영화 계약할 때마다 150만 불에서 200만 불이 오가서 스트레스가 엄청 심했어요. 하루도 쉰 적이 없었고 쉬면 불안했어요. 2~3년 전에 일을 다 정리했을 때도 한 번에 잘 안 되더라구요. 그 뒤로 계속 몸과 마음을 가볍게 하려 노력해서 지금은 더 널널하게 다니게 되었어요. 요즘은 짐도 거의 없이 가요. 정말로 아무것도 챙기지 않는 거예요. 잠도 게스트하우스에서 자요. 마음의 문제인 거 같아요.

한화생명
한화생명
영신
여인숙
여인숙

그런 여행은 어떤 것을 기대하고 가게 되나요? 보통 무얼 할지 정하고 가잖아요.

촉이 많이 생긴 거죠. 일단 어느 도시든 가면 2~3일은 대중교통을 하나도 이용하지 않고 막 돌아다녀요. 그러면 사람들이 어디를 많이 가는지 보여요. 그때 한 번씩 검색을 해보고, 검색 결과가 하나도 없으면 바로 들어가요. 그리고 그 가게 사람들이랑 친해지면 어디가 좋은지 물어보죠. 그런 게 저는 너무 재밌더라구요. 그런 식으로 하니까 제 지인들은 강릉에 오면 다 저한테 물어봐요. 저는 인터넷에 안 나오는 정보를 주니까요.

그 인터넷에 잘 나오지 않는 정보가 무엇인지 무척 궁금합니다.

장칼국수만 해도 명주로 뒤쪽에 '삼거리장칼국수', 안쪽에 '남문칼국수', 더 안쪽에 '용비집'이라고 있어요. 이 세 집만 해도 정말 좋고 여긴 다 강릉 분들밖에 안 가요. 장칼국수는 사실 맛있는 집과 맛없는 집 차이가 거의 없어요. 집집마다 직접 장을 담가서 그래요. 막국수는 '남산막국수'나 순두부마을에 있는 '동심막국수' 가요. 거긴 두세 시간 줄 설 필요 없어요. 물회도 마찬가지예요. 사천에 '장안물회'도 맛있지만 다른 곳도 맛있거든요. 저는 바로 옆집인 '주문진물회'를 가고, 그 집에 손님 많을 때는 다른 곳 가고 그래요. 줄 서서 급하게 먹느니 여유롭게 먹고 사장님과 이야기도 할 수 있는 곳을 가는 게 저의 지론이에요. 제가 이곳을 10년 째 다니다 보니 막국수처럼 강릉에서 유명한 것들 말고, 강릉 분들 자주 가는 순댓국집 같은 데를 찾게 되더라구요.

그러면 최근에 다니는 곳 하나 추천 부탁드려요.

이번에 강릉 분들도 모르는 집을 발견했어요. '대경식당'이라고 중앙시장 쪽에 있는 집인데요. 7시 전에 전화하면 사장님이 시장에

가서 재료 뭐뭐 좋은지 보고 즉석에서 메뉴를 말해주세요. 제가 그걸 듣고 오케이하면 바로 상을 봐주시는 거죠. 그날은 돌문어, 백고동에 닭볶음탕을 해주셨는데 진짜 끝내주더라구요.

대경식당 강원도 강릉시 금성로13번길 18
033-641-4654

남문칼국수 강원도 강릉시 남문길 32
033-643-2118

그런 게 하나하나 쌓여서 영화에 등장하는 건가요?

네. 저는 공간을 봐야 이야기가 떠오르는 스타일이라서요. 기본적으로 영화를 제가 경험했거나 아는 사람들이 경험한 것을 듣고 만들어요. 무에서 유를 만들어내는 스타일은 아니에요.

각 영화가 한 지역을 중심으로 이야기가 전개되더라구요. 〈두 개의 연애〉는 경포와 명주, 〈게스트하우스〉는 사천 이런 식으로요. 일부러 그렇게 하신 건지 궁금했어요.

맨 처음에 〈맛있는 인생〉을 찍을 때 제가 아는 강릉은 경포와 강문 정도였어요. 그다음에 〈내가 고백을 하면〉을 찍을 때 확장되었죠. 그때 명주로 일대 이야기를 강릉문화재단 분들에게 들었고, 다음 영화인 〈두 개의 연애〉에 그곳을 담았어요. 〈게스트하우스〉를 준비하면서는 그간 강릉의 바다를 많이 담지 못했다는 생각이 들더라구요. 그래서 바닷가에 있는 게스트하우스를 찾았고 사천에 '포이푸'라는 곳을 알게 된 거였죠. 영화에 남녀 주인공이 나오지만 제 마음속에서 그 영화의 진짜 주인공은 바다예요. 강릉의 겨울 바다를 너무 담고 싶었거든요.

영화에서 길도 인상 깊게 보았어요. 대수롭지 않게 넘길 수도 있지만, 서울에서 강릉 내려오는 길이나 소나무 드리운 좁은 길 등을 세세히 담으셨더라구요.

꼼꼼히 잘 봐주셨네요. 몇 군데 추천하자면 바닷가 소나무길은 강릉수상생태연구소 근처에 있는 솔숲이 아주 좋고, 허난설헌 생가 옆에 있는 솔숲도 아주 좋아요. 아니면 서지초가뜰 뒤쪽에 있는 길도 근사해요. 요즘에 제가 가장 좋아하는 길은 이 카페 일대예요. 지금은 많이 떴지만 명주로랑 월화거리 뒤쪽에 조그만 집들 많이 있는 길도 좋아합니다.

마지막으로 지금 촬영 중이신 영화 소개 부탁드립니다.

아까 말씀드렸듯, 제목은 〈발광하는 현대사〉로 강도하 씨 원작 웹툰을 각색한 영화입니다. 처음으로 강릉의 여름을 배경으로 촬영하는 것이기도 해요. 작년에 다른 영화 준비 차 여름에 며칠 있었는데, 항상 조용해 보였던 곳이 북적북적해서 신기했습니다. 그런 뜨거운 강릉에서 어떤 이야기가 펼쳐질지 궁금했구요. 1년 동안 후반 작업을 한 뒤 내년 여름에 개봉 예정입니다.

Editor's Pick

교동899

강원도 강릉시 임영로 223

2012년 문을 연, 강릉 한옥 카페의 선두 주자이다. 옛날 일대가 다 초가집일 때 홀로 기와집인 곳이어서 동네 어르신들이 들러 그때 그 시절 이야기를 해주곤 한다고. 서울 등지에서 한옥을 개조해 가게를 차리려는 이들이 참고하러 자주 방문하기도 한단다. 서까래와 상량문(上樑文)이 잘 보존되어 있고, 질 좋은 소나무인 '적송'이 쓰였다고 하니 한옥에 관심있는 사람이라면 꼭 들르도록 하자.

033-641-3185

아메리카노 4,000원
오미자차 5,000원
인절미세트 9,000원

매일 오전 10시 30분~오후 10시
매주 금요일 휴무

ⓒ조성구

1

맛있는 인생 2010

조 대표 류승수 분

민아 이솜 분

©조성규

2 내가 고백을 하면 2012

유정 예지원 분 **인성** 김태우 분

조성규 감독의 강릉배경 영화

③ 두 개의 연애 2016

미나 박규리 분 운정 채정안 분 인성 김재욱 분

조성규 감독의 강릉 배경 영화

©조성규

4

게스트하우스 2018

정우 김성제 분 **히로코** 치순 분

ⓒ조성규

선교장

Seongyojang House

효령대군(세종대왕의 형)의 11대손인 이내번이 처음 터를 잡은 뒤 대대로 증축되어왔다. 전통 사대부 가옥의 전형적인 모습을 하고 있으며, 개방적인 남방형 가옥과 폐쇄적인 북방형 가옥의 특성이 공존하여 전통 가옥 연구에도 중요한 자료로 활용된다. 오전 9시부터 저녁 6시(동절기 5시)까지는 관람객에게 개방하고, 폐관 후부터 다음 날 오전까지는 투숙객에게 개방한다.

인터뷰 **선교장 장주 이강륭**

에세이 **선교장에서의 하룻밤 — 한옥 스테이**

글. 송수아

시간의 더께에 깃든 고귀한 마음

선교장 장주
이강륭

'인상이 참 좋으시네요.'
사람의 얼굴에는 그가 한평생을 어떤 마음가짐으로 살아왔는지가 고스란히 드러난다는데, 마주한 선교장의 주인, 이강륭 장주의 얼굴에는 궂은 구석 하나 없어 보였다. 그러나 한국의 현대사를 고스란히 겪은 인생에 어찌 풍파가 없었으랴. 다만, 선대에게서 물려받은 정신을 잘 유지하고 실천하려는 마음이 있었기에 선교장의 수려함과 기품을 꼭 빼닮은 인상을 가질 수 있지 않았을까 감히 짐작해볼 뿐이었다.

장주님 소개를 부탁드려요.

저는 1943년에 이곳 선교장에서 태어났어요. 곧바로 서울에 갔지만, 전쟁이 나면서 다시 선교장으로 돌아왔죠. 여기서 경포초등학교를 졸업하고 강릉중학교에 다니다, 다시 서울로 올라간 후에는 계속 거기 있었어요. 그러다 작년에 공직 생활을 모두 마무리하고 올해부터는 여기서 살고 있죠. 제가 중학교 3학년 때 서울로 갔으니 만 60년 만에 다시 돌아온 셈이네요.

'장주'는 어떤 의미인가요?

보통 집에는 '당'이나 '댁'을 붙여 부르는 경우가 많아요. 하지만 여기는 규모가 워낙 크다 보니 장원이라고 해서 선교'장'이라고 하죠. 장주는 이 선교장의 주인(莊主)이라는 뜻이에요.

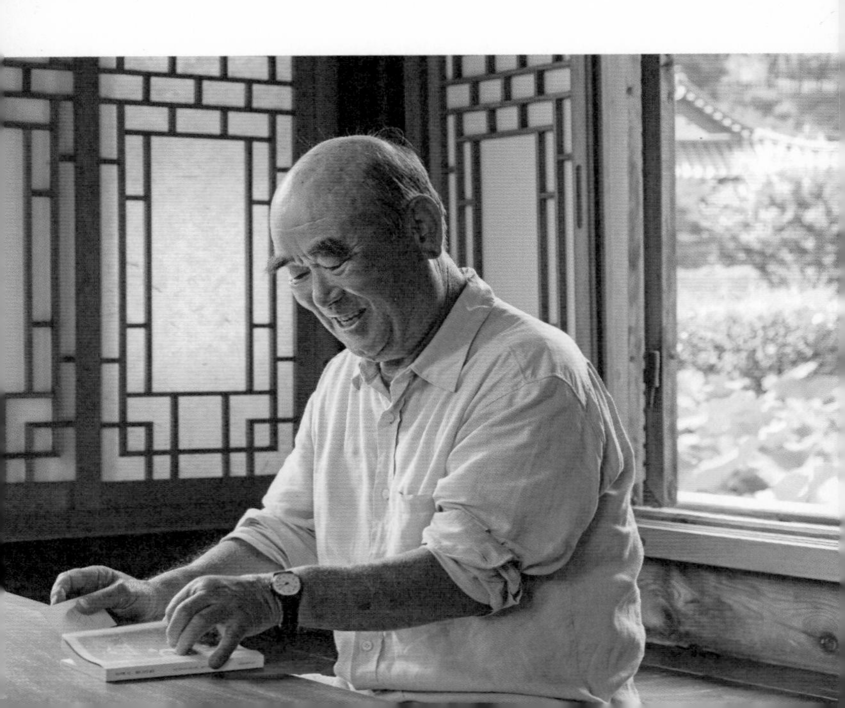

여기가 장주님의 집이신 거죠?

그렇죠. 여기가 집인 거죠. 1976년에 할머니께서 돌아가신 후, 어머니께서 서울에서 내려와 집을 돌보셨어요. 그러다 1990년대 초에 동생(이강백 前장주)이 서울에서 하던 일을 접고 강릉으로 내려와 어머니를 모시고 선교장을 계속 관리해왔고요. 그동안 동생이 수고를 참 많이 했어요. 집수리도 거의 완벽하게 끝났고요. 제가 복이 많은 사람이에요.

장주님이 어렸을 때와도 많이 달라졌을 것 같아요.

많이 달라졌어요. 기본 뼈대는 그대로 있는데, 6·25전쟁 때는 관리하기 힘들어서 일부러 헐기도 했어요. 근처에 폭탄이 떨어져 바깥채와 주변 소나무들이 다치기도 했고요. 그러던 걸 복원하면서 옛날 부잣집의 모습을 다시 찾게 되었어요.

이 앞에 경포호가 있어 선교장이라는 이름이 생겼다고 들었어요.

예전에는 집 바로 앞까지 호수가 있었어요. 지금은 경포호를 한 바퀴 돌면 4km 정도 되는데, 옛날에는 30리(약 11.8km)였거든요. 강릉 원주대학 있는 동네 이름이 지변리(池邊里)인데 연못 가장자리 마을이란 뜻이에요. 그때는 선교장 앞에서부터 그곳까지 모두 경포호였다는 것이죠. 그러다 보니 시내에 나가려면 배를 타고 건너가야 했어요. 배로 다리를 만들어 건너갔다고 해서 선교장(船橋莊)이라는 이름이 생겼죠.

그러면 여기서 경포호까지 걸어갈 수 있나요?

한 30분 정도 걸어가면 돼요. 그 호숫가에 정자가 대여섯 개 있는데 시인들이 경포호 주위를 돌며 정자에 앉아 시를 읊었다고 해요. 그중 첫 번째가 방해정이고, 그 앞에는 홍장암이라는 큰 바위가 있어요. 강원도 순찰사로 강릉에 머물던 박신과 기생 홍장이 만난 이야기가 얽혀 있죠. 바위에 보면 이가원(李家園)이라는 글자가 새겨져 있는데, 이씨네 정자라는 뜻이에요. 그러니까 원래 방해정과 홍장암도 우리 집안 소유였지요.

선교장이 세워진 지 300년이 지나면서 많은 게 변했네요.

많이 변했죠. 이 집의 자손들만 변치 않고 여기 살고 있죠.

선교장이 한 번에 다 지어진 게 아니라던데요.

9대조 할머니께서 충주에서 강릉에 오신 이후 이내번이라는 분이 집을 짓기 시작했어요. 6대조 할아버지께서 재산을 많이 축적하시고, 식구도 늘어나면서 집을 크게 지을 수 있었죠.

방해정 강원도 강릉시 경포로 449

선교장이 99칸이라고 들었어요.
집이 모두 완성된 건 언제인가요?

6대조 할아버지 때 모두 완성됐어요. 1800년대 초의 일이에요.

왕이 아니면 100칸 이상을 짓지 못한다는 이야기도 들었어요.
그래서 99칸인가요?

맞는 이야기이긴 한데, 여기는 서울에서 멀리 떨어져 있어 집을 크게 짓는다고 상소가 올라가지는 않았어요. 안동이나 서울은 60칸 집이라고 해도 상대적으로 작아 보이는데, 저희는 더 개방적으로 만들 수 있었죠. 사실 99칸이라고 하지만 실제 평수는 120칸이에요.

고택 체험(한옥 스테이)을 할 수 있도록 만들어 놓으셨잖아요.
관광객이 드나들면 훼손될 위험이 크지 않나요?

그래서 본채 중에는 행랑채에서만 숙박을 제공하고, 주로 바깥에 있는 별채에서 고택 체험을 진행해요. 선교장이 국가 지정 문화재이다 보니 오시는 분들이 알아서 조심해주세요. 저희도 신경을 많이 쓰고요. 서로 노력하죠. 한옥은 오히려 사람이 살아야 집이 잘 유지되기도 하고요.

개인의 집에서 숙박을 제공하게 된 이유도 궁금했어요.

한국의 찬란한 문화를 일반 시민들이 체험할 수 있었으면 했어요. 내국인들뿐만 아니라 외국인들도 오면 좋아해요. 그들에게 한국의 옛날 집은 초가집이거든요. 이런 장원이 있는 줄 잘 몰라요. 그런데 선교장에 오게 되면서 한국에 대한 이미지가 달라지는 거죠. 지난 평창동계올림픽 때 IOC위원들도 찾아왔는데 아주 좋아했어요.

여기에서 자라셨으니 얽힌 추억도 많을 것 같아요.
가장 좋아하는 장소가 어디이신가요?

바로 이 자리, 활래정을 가장 좋아해요. 1816년에 지어졌으니 200년이 조금 넘었네요. 활래정은 할아버지가 여름에 사용하시던 곳이에요. 겨울엔 열화당에서 지내셨고요. 이 연못이 400평이 넘는데, 여기서 여름이면 연꽃이 펴요. 어렸을 적, 학교 가기 전에 활래정 문을 딱 열면 연꽃이 뽀드득뽀드득 커지는 소리가 들렸어요. 연꽃은 밤에 닫히고 아침에 벌어지는 꽃이거든요. 그래서 연의 향기가 그득했죠. 정말 최고의 명당자리예요, 여기가.

열화당은 어떤 공간인가요?

열화당은 장주의 겨울 공간이라고 생각하면 돼요. 이 집의 주인이 거처하면서 손님을 접대하는, 소위 사랑채죠. 열화당이라는 이름은 도연명의 「귀거래사(歸去來辭)」 마지막 구절, '가까운 이들의 정다운 이야기를 즐겨 듣는다(悅親戚之情話)'에서 따왔어요. 여러 친척이 모여 이야기하는, 그러니까 집안 가족들이 모여 즐겁게 이야기하는 장소라는 뜻이에요.

정말 멋진 이름이네요. 이름만큼 경치도 빼어나 영화도 자주 촬영한다고 들었어요. 선교장이 영화 촬영지로서 가진 매력이 무엇이라고 생각하시나요?

작품의 성격마다 다르겠지만, 얼마 전에 촬영한 감독님은 실내 세트장에서는 표현할 수 없는 자연 그대로의 오래된 나무 느낌 때문에 선교장을 촬영지로 선택했다고 들었어요.

영화 촬영지라고 하면 사람들이 찾아오기도 하잖아요. 선교장에 오면서 함께 방문해볼 만한 강릉 여행지가 있을까요?

조선시대에 이조판서를 지낸 심언광이라는 분이 강원도 관찰사로 있던 시절에 지은 '해운정'이 있어요. 보물로 지정도 되어 있고요. 송시열 선생이 현판을 썼어요.

또 주위에 '강릉향교'가 있는데 우리나라 3대 향교라고 말할 정도로 잘 보존되어 있어요. 강릉 시내에는 고려시대부터 보존된 국보 '임영문'이 있죠. 두 곳 다 역사적으로 의미 있지만, 사람들이 잘 안 찾아가는 그런 곳이에요.

해운정 강원도 강릉시 운정길 125
033-640-4414

강릉향교 강원도 강릉시 명륜로 29
033-648-3667

여기 찾아오시는 분들이 어떤 마음으로 이곳을 즐겼으면 좋겠다고 생각하시나요?

단순히 '집이 크다'고 느끼기보다는 집이 가진 기품을 같이 느끼셨으면 좋겠어요. 선교장은 정당한 재산 축적을 기본 원칙으로 삼아요. 모든 땅에 정당한 방식으로 셈을 치렀죠. 또, 씀에 있어서는 주변 사람들에게 나눠주고 공헌하는 걸 기본으로 생각해요. 저희 고조부가 통천에서 군수를 하셨는데 그때 흉년이 들자 선교장에 있는 곡식 수천 섬을 가져다 풀었어요. 그때 저희가 '통천집'이라는 택호도 받았어요.

멋있는 집안이네요.

'노블레스 오블리주'를 실천하는 거죠. 그럴 뿐만 아니라 선교장 대대로 과객을 잘 모시라고 했어요. 교통이 불편하던 시절, 선교장은 관동팔경이나 금강산을 유람하는 시인들과 묵객(먹을 가지고 글씨를 쓰거나 그림을 그리는 사람)들의 베이스캠프였어요. 과객들은 며칠, 몇 달, 혹은 몇 년씩 머무르면서 할아버지와 학문적인 대화를 나누곤 하셨죠. 돈을 받지는 않았어요. 경제적으로 부담되지 않았느냐 물어보시기도 하는데, 저희는 과객을 접대하는 일이 있는 사람으로서 으레 해야 하는 덕목이라고 생각해요. 우리가 먹고살듯이, 과객들도 함께 먹고사는 거죠. 일제강점기 전까지는 쭉, 과객을 모시는 게 생활화되어 있었어요. 저희 할아버지 계명이 '재산을 나누어 써라. 나누지 않으면 하늘이 나누게 한다'였어요. 하늘이 나눈다는 이야기는 화를 입는다는 거예요. 그러니 화를 입어 재산이 없어지기 전에 나누라는 이야기죠. 일제강점기가 지나고 6·25전쟁을 겪으면서 많이 각박해졌지만, 앞으로 할아버지의 정신을 이어받은 일들을 많이 할 예정입니다.

낯선 여행지의 익숙한 밤

타인의 집에 초대받으면 늘 마음이 두근거린다.
'집'은 개인의 가장 내밀한 면과 맞닿아 있어 타인을 함부로 들이지 않는 공간인데, 그런 곳에 발을 들여놓을 수 있다는 이유만으로 우리 사이의 관계가 조금 더 특별해진 느낌이 들기 때문이다. 선교장에 첫 발을 들인 뒤 걸려 있는 명패를 보았을 때, 그래서 이곳이 누군가 여전히 생활하는 공간임을 인지했을 때 아는 이의 집에 초대받은 것처럼 마음이 설레기 시작했다.

쉼표의 도시

바다를 보고 싶은 날에는 강릉을 찾았다. 비록 오가는 기차에서도 걸려오는 전화와 쌓여가는 메일을 외면하지 못했지만, 강릉에 있는 순간만큼은 모든 것을 비우고 그저 너울거리는 파도를 바라볼 뿐이었다. 그렇게 내게 강릉은 쉼표의 도시가 되었다.

하지만 그 바다마저도 충분치 않은 날이 있었다. 불확실한 미래와 그보다 더 불확실한 관계들. 많은 것이 흔들릴 때, 다시 짐을 꾸려 강릉으로 향했다. 이번에는 나를 내버려두기보다 정성스러운 마음으로 돌보아줄 곳을 찾았다. 그렇게 묵게 된 선교장에서의 하룻밤은 온전히 나를 돌보는 시간이었다.

어서오세요, 선교장으로

선교장을 사람에 비유한다면, 아주 예의 바르고 마음을 다해 손님을 대하는 친구라고 말할 것이다. 이곳을 숙소로 정하고 난 뒤, 종종 033으로 시작하는 번호에서 전화가 걸려왔다. 예약한 날짜가 맞는지, 몇 시에 들어오는지, 필요한 것은 없는지 묻는 목소리에는 자신의 공간에 들어온 이가 혹여 불편하지 않을까 섬세하게 챙기는 마음이 묻어났다.

선교장에 들어서자 흐드러지게 핀 연꽃이 눈을 사로잡았다.
한 줄기 불어오는 바람에 흔들리는 연꽃 사이로 단아한 모습을 한 활래정(活來亭)이 나를 반겨주었다. 활래정에는 일반인의 출입이 원칙적으로 허용되지 않는다. 선교장이 국가민속문화재로 지정되어 보호받고 있기 때문이다. 하지만 문화재이기 앞서 개인의 집이기에, 인사를 나눈 선교장의 주인과 함께 정자에서 담소를 나눌 수 있었다.

그곳에 앉아 장주(莊主)의 어린 시절 이야기를 듣고 있으니, 아름다운 고택에 불과했던 선교장이 아는 이가 정성을 다해 가꿔온 집으로 다가왔다.

체크인은 다소 늦은 18시부터 가능하다. 이는 집이 곧 관광지이자 숙박 시설이기 때문에 관람객과 숙박객의 동선이 겹치는 불편함을 최소화하기 위해서다. 실제로 관람객이 모두 나간 뒤 방에 들어가니, 낮 동안에는 느끼기 어려웠던 고즈넉함이 창문 너머로 전해져왔다. 그 누구에게도 방해받고 싶지 않은 나의 시간은 그렇게 완성될 수 있었다.

계절을 품은 쉼터

좋은 경치를 가진 카페를 찾으면, 그 풍경을 위해 나머지 일정을 기꺼이 포기한다. 그저 바라보는 것만으로 마음이 충족되는 곳을 찾는 건 쉽지 않은 일이기 때문이다.

'쉼터 리몽(李夢)'은 그런 곳이었다. 오로지 이곳에 오기 위해 강릉행 기차표를 기꺼이 끊을 만큼 매혹적인 풍경을 가진 카페. 선교장을 내려다보는 리몽은 계절을 온전히 품는다. 봄이면 신록 가득한 기운이, 여름에는 배롱나무꽃과 연꽃의 풍성함이, 가을에는 낙엽이 전하는 깊은 정취가, 겨울에는 눈이 소복이 쌓인 고택의 아름다움이 건물 안으로 쏟아질 것이었다. 그 풍경을 바라보며 카페에서 내어준 차를 마시니, 마음이 한결 넉넉해졌다.

'가까운 이들의 정다운 이야기를 즐겨 듣는다(悅話堂).' 사랑채 열화당의 이름을 본뜬 동명의 출판사에서 발간된 책『선교장』을 카페 한편에서 발견했다. 꺼내 들어 선교장이 지나온 세월을 찬찬히 읽었다. 그러자 어느새 식솔과 과객이 삼삼오오 모여 담소를 나누는 모습이 창밖으로 그려졌다. 눈앞의 풍경을 바라보는 것만으로도 충분한 시간이었지만, 300년간의 역정(歷程)을 알고 나자 선교장의 장면들이 더욱 풍성해졌다.

배다리마을을 나란히 걷는 시간

선교장이란 이름은 배다리마을에서 유래했다. 경포호의 물이 선교장 앞까지 찰랑대던 시절, 시내에서 마을로 오기 위해서는 배를 타고 건너와야 했기 때문이다. 호수의 면적은 줄어들었지만, 여전히 30분 남짓 걸어가면 호수를 볼 수 있다. 서늘한 밤바람이 주는 기분 좋은 계절감을 만끽하고 싶어 서둘러 채비를 마치고 길을 나섰다.

해가 어스름히 넘어갈 무렵, 선교장에서 나와 경포호로 가는 길은 분홍빛으로 물들어가는 중이었다. 하늘을 바라보며 걷기만 했는데도, 마음에 잔잔한 감동이 일었다. 경포호에는 함께 걷거나 달리는 가족과 친구, 연인들이 종종 보였다. 문득, 같은 풍경을 눈에 담으며 나란히 걸을 이가 그리워졌다. 두런두런 이야기를 나누며 시간을 함께 공유하고 싶은 사람도 떠올랐다. '다음엔 그에게 함께 오자고 해야지.' 휴대전화를 만지작거리며 해가 뉘엿뉘엿 지는 경포호를 마저 돌았다.

객(客)의 마음

선교장에서는 행랑채[1]와 중사랑[2], 서별당, 연지당, 홍예헌[3] 등을 숙소로 개방한다. 그런데 그중 일부는 별도의 건물에 있는 화장실과 샤워실을 공용으로 이용해야 한다. 처음엔 이 사실이 익숙지 않아 불편했다. 응당 여행지의 숙소라면 묵는 공간에 부족함 없이, 모든 것이 갖춰져 있을 것이라 기대했기 때문이었다.

그러나 선교장은 본래 숙소로 만들어진 공간이 아니다. 독립적인 공간처럼 보이는 숙소는 사실 전체 집의 일부다. 게다가 오래전부터 사용되던 한옥이다 보니, 가능한 한 그 모습을 망가뜨리지 않으려 노력을 기울였을 것이었다. 그제야 왜 방마다 화장실과 샤워실을 따로 만들 수 없었는지 이해할 수 있었다.

대신 선교장의 모든 것에는 온기가 배어 있었다. 깨끗하게 쓸고 닦은 바닥과 정갈하게 갠 이불, 적당한 위치에 놓인 가구에서 여기서 직접 살아본 이가 다음에 머무를 사람의 불편함을 줄이기 위해 고심한 흔적이 보였다. 숙박업소에서 내미는 일회용 생수병 대신 가족에게 내어주듯 물병에 담은 물은 나를 객이 아닌 집안의 일원으로 대해주는 마음을 담고 있었다.

혼자 여행을 떠나면 묘한 외로움을 느낀다. 낯선 곳에서 하루를 같이 마무리할 사람이 없다는 사실은 마음을 조금 허전하게 만든다. 그러나 선교장에서 책을 보며 하루를 정리하는 일은 일상의 저녁과

---

1 관동팔경과 경포대를 유람하는 선비들의 숙소로 사용되었다.

2 사랑채인 열화당의 부속 건물로, 집안의 아들 또는 귀한 손님의 거처로 사용되었다.

3 선교장의 손님맞이 용도로, 또는 분가 이전의 가족들이 사용하던 부속 건물이다.

꼭 닮아 있어 낯설거나 외롭지 않았다. 장주는 선교장에서 하룻밤 묵는 일을 '홈스테이'라고 표현했다. 그의 말마따나 친구의 집에 놀러 간 것처럼, 자고 일어난 후 이불을 곱게 정리해주고 싶은 마음이 들었다. 어쩌면 그것이 선교장을 찾게 하는 매력은 아니었을까.

한 그릇의 정성

따뜻한 아침을 먹은 날에는 하루가 든든하다. 빈속에 부담을 주지 않으면서도 온기로 몸을 덥힐 수 있는 음식이면 더 좋다. 그런 면에서 선교장에서 조식으로 제공하는 순두부는 내게 딱 알맞았다.

조식은 8시부터 제공된다. 9시까지 퇴실해야 하므로 미리 짐을 챙겨 식당 '전통한식 리몽(李夢)'으로 향했다. 아직 관람객이 드나들지 않는 선교장을 가로지르며, '일찍 일어나 크게 한 바퀴 둘러볼걸' 후회했다. 아침 새가 지저귀는 대갓집의 고즈넉함은 낮이나 저녁과는 또 다를 것이었다.

미리 주문한 '초당두부정식'은 참 정갈했다. 어느 반찬 하나 과한 것이 없어 이른 아침에도 부담 없이 먹을 수 있었다. 누군가 정성스레 차려준 아침밥을 먹는다면 이런 느낌이겠지, 생각하며 음식을 꼭꼭 씹었다.

그릇을 모두 비우고 나오는 길, 마음이 한 뼘쯤 너그러워진 것 같았다. 아침에 먹은 따뜻한 음식 덕분인지, 아니면 너른 집에서 여유를 만끽한 덕분인지는 알 수 없었다. 한 가지 확실한 건, 또다시 마음이 흔들리는 날이면 선교장을 떠올리게 될 것이라는 사실이었다.

루트 큐레이션 Route Curation

안목, 경포, 순두부, 막국수. 강릉에 가야겠다고 마음먹었을 때부터 내내 곱씹던 것들일 테다. 그런데 꼭 가장 먼저 떠오르는 곳에 가고, 가장 먼저 떠오르는 음식을 먹어야 할까. 영화에 나온 곳과 인터뷰이가 추천한 곳을 묶어 세 가지 루트로 정리했다. 나만 아는 강릉을 만들어가기에 딱 좋은 곳들이다.

사천

Sacheon

1

'사천진해수욕장'에 도착했다면 우선 'POIPU 게스트하우스'에 짐을 풀자. 4인실과 6인실이 있으며, 버거와 핫도그, 커피와 맥주 등을 판매한다. 농어촌 민박 활성화를 위해 근처 민박집 예약도 대신 받아주니, 단체실이 불편한 경우 편히 문의하자. 서핑숍으로 운영되어 여름에는 강습을 받는 사람들로 북적거린다.

강원도 강릉시 사천면 진리해변길 117
010-5377-7408
도미토리 토요일 40,000원. 그 외 35,000원
민박은 직접 문의

파도 곁에서

사천의 해변은 폭이 좁다. 모래를 밟든 밟지 않든 파도 가까이서 걸을 수 있으니 내킬 때마다 걸어보자. POIPU를 기준으로 위쪽으로 올라가면 더 조그맣고 조용한 '하평해변'이 나온다. 그곳을 지나 좀 더 걸으면 '보헤미안 박이추 커피 공장'이 보인다. '한국 1세대 바리스타' 박이추 선생의 커피를 마셔볼 기회이나, 아침에도 대기번호를 받을 정도로 사람이 많으니 강릉 내 다른 지점에 가는 것을 추천한다.

파도 너머에서 — 뗏장바위

사천의 명물 중 하나이다. 다리를 건너 섬 꼭대기에 앉으면 수평선을 하염없이 바라볼 수 있다. 바람이 강할 때는 파도가 섬 꼭대기까지 치니 날씨가 좋을 때 방문하는 게 좋다. 사천의 파도는 바람이 없는 날에도 센 편이라서 다리를 건너 섬까지 가는 동안 홀딱 젖지 않도록 조심하자. POIPU 게스트하우스에서 조금만 내려오면 만날 수 있다.

저녁에는 물회를

초당에 순두부마을이 있다면 사천에는 물회마을이 있다. 가게 20여 개가 밀집해 있고 집집마다 개성이 다 다르다. '마을'로 지정되었다는 것은 모든 가게가 믿고 먹을 만한 재료를 쓴다는 뜻이므로 아무 곳이나 들어가 먹어보자. 특히 기본 반찬으로 나오는 우럭미역국은 강릉에서만 맛볼 수 있으니 놓치지 말길. 사진에 나온 곳은 '삼다도횟집'이며 조성규 감독의 영화 〈게스트하우스〉에 자주 등장했다.

강원도 강릉시 사천면 진리해변길 85
033-644-0234
물회 및 회덮밥-세꼬시 12,000원. 순살 15,000원
매일 오전 10시~오후 10시
매월 첫째, 셋째 주 화요일 휴무

아침, 바다, 커피

아침에 바다를 바라보며 커피를 마실 일이 살면서 몇 번이나 있을까. '카페 뤼미에르'는 굽어지는 길목에 있어 바다가 한 눈에 담기도 힘들 정도로 넓게 펼쳐진다. 창가에 앉아 따뜻한 아메리카노와 파니니를 함께 먹고 든든하게 길을 나서자.

강원도 강릉시 사천면 진리해변길 93
010-8650-6663
아메리카노 3,500원. 토마토 모짜렐라 파니니 8,000원
매일 오전 10시~오후 10시 (일요일은 8시까지)

그 많은 커피콩빵은 어디서 왔을까

강릉을 돌아다니다 보면 커피콩빵 파는 집을 자주 마주친다. 그럴 때마다 대체 누가 커피콩빵을 처음 만들었는지, 어떻게 강릉에서 유행을 타게 되었는지 궁금해진다. 지금은 여러 업체의 제품이 강릉에 유통되지만 이곳이 그중에 원조로 알려져 있다. 아침 일찍 가면 갓 나온 빵을 먹을 수 있으니, 먹고 싶은 만큼 사서 한두 개는 바로 먹고 나머지는 다니는 길에 꺼내 먹자.

강원도 강릉시 사천면 진리해변길 69
033-644-5992
1봉지 3,000원. 1팩 5,000원
매일 오전 9시 30분~오후 10시

명주

Myeongju

2

명주산책 첫 걸음 — 경강로2021번길

'명주예술마당'을 검색해서 찾아온 뒤, 이곳에서 산책을 시작하자. 역과 터미널에서 한 번에 오는 버스가 많으니 택시 타는 데 돈 쓰지 않아도 좋다. 적산가옥, 중국식 가옥, 50년대 이후 한국 가옥 등 다양한 형태의 집이 일대에 어우러져 있어 강릉에 쌓인 시간의 켜를 고스란히 느낄 수 있다. 막다른 골목에도 볼 것이 넘치니 구석구석 눈에 담기를 권한다.

봄날은 간다

영화 〈봄날은 간다〉에서 어떤 장면을 좋아하는가. 그중에서도 한은수(이영애 분)의 일터이자, 이상우(유지태 분)와의 사랑이 시작되고 멀어지는 장소인 'KBS강릉 앞길'을 어떻게 기억할지 궁금하다. 상우가 은수를 기다리던 강릉지방기상청은 허물리고 그 앞 슈퍼마켓은 없어졌지만, 방송국의 모습은 여전하다. (혹 아직 보지 않았다면 강릉 가는 길에 꼭 보길 권한다.)

강원도 강릉시 임영로131번길 13
033-640-7100

낮은 가옥 사이에서

임당동성당은 1921년 6월 강릉시 구정면 금광리에 처음 세워진 뒤, 현재의 자리에는 1951년에 부지를 매입하며 들어섰다. 1950년대 강원도 지역 성당 건축의 전형을 보여주는 건물로 외관의 뾰족한 종탑과 지붕 장식, 내부의 정교한 구성 등 시각적, 미학적 측면에서 보존 가치가 높다. 미사를 하지 않을 때는 내부를 편히 둘러볼 수 있으니, 잠시 들러 강릉 근현대 건축의 매력에 더 깊이 빠져보면 어떨까. tvN 〈미스터 션샤인〉에서 히나(김민정 분)가 어머니를 찾아 방문한 '강릉 교우촌'으로 등장했다.

강원도 강릉시 임영로148 033-642-0700

시나미, 명주

'칠사당' 앞에서 길 하나를 건너면 사뭇 다른 명주동의 모습이 펼쳐진다. 경강로2021번길 일대보다 적산가옥이 더 많이 밀집해 있으며, 100년 이상 된 곳도 있다. 적산가옥을 그대로 활용한 곳으로는 커피 체험 공간인 '명주사랑채'나 문전성시를 이루는 카페 '오월', '남문칼국수' 등을 대표로 꼽을 수 있다. 식당이나 카페가 아니더라도 둘러보기 좋으니, 강릉 사투리 그대로 시나미(천천히) 이곳을 거닐어보도록 하자.

Tip. 책 뒷부분에 명주로, 교동 등
시내에 다닐 만한 곳을 정리해두었으니 참고하면 좋다.

옥계에서 심곡까지

From Okgye To Simgok

3

오래 앉아 있고 싶은 곳

'옥계해수욕장' 입구에서 바다까지 들어가려면 꽤 걸어야 한다. 모래사장이 제법 넓어서 그렇다. 중간 정도까지 걸으면 파도 소리가 들리기 시작하는데, 낮고 느리지만 힘찬 소리라 발걸음을 재촉해서 얼른 그 모습을 보고 싶어진다. 차근차근 밀려오는 파도를 보노라면, 말없이 등을 두드려주는 사람 같아 오래오래 앉아 있고 싶어진다.

Tip. 강릉역에 도착해 영동선을 타고 정동진역까지 간 뒤 택시를 타는 것을 추천한다.

강원도 강릉시 옥계면 금진리 산105-1

솔숲을 지나서

옥계해변 뒤편 솔숲의 소나무는 모두 굵고 커서 강릉 여느 솔숲보다 분위기가 웅장하다. 소나무 하나하나를 눈에 담으며 20분 정도만 걸으면 '금진해변'이 나타난다. 카페와 식당이 많지 않지만 이곳은 강릉 서핑의 성지다. 해변을 따라 늘어선 서핑숍은 먹고 마시며 어울리는 사람들로 밤늦게까지 흥성거린다. 낯선 곳에서 모르는 이들과 어울리는 데 거리낌이 없다면 아무 게스트하우스에 체크인해보자. 서핑을 배우지 않아도 괜찮다. 저녁을 먹었느냐는 말부터 먼저 물어올 것이다. 낯선 사람들과 지내기 불편하다면 옥계해변 솔숲에 있는 '한국여성수련원'을 이용하자.

Tip. 가을과 겨울이 서핑을 배우기에는 더 좋다고 한다.

아침에만 볼 수 있는

여행하러 와서 이른 아침에 일어나기 싫겠지만, 강릉 남쪽에 왔다면 꼭 일찍 일어나 헌화로를 따라 '금진항'을 향해 출발하자. 헌화로 해안도로는 어느 시간에 봐도 좋으나 햇빛을 받아 반짝이는 바다를 볼 시간은 아침밖에 없기 때문이다. 왼쪽에 절벽, 오른쪽에 파도를 두고 걷노라면 로드무비의 주인공이 된 기분이 든다. 걷다 보면 몽돌로 된 해변을 만날 수 있는데, 모래 해변이 대부분인 강릉에서 흔치 않은 곳이니 꼭 카메라에 담도록 하자. 중간에 마주치는 '항구마차'라는 식당은 KBS 2TV 〈배틀트립〉 평창동계올림픽 편에서 인피니트 성종과 우현이 방문한 곳이다.

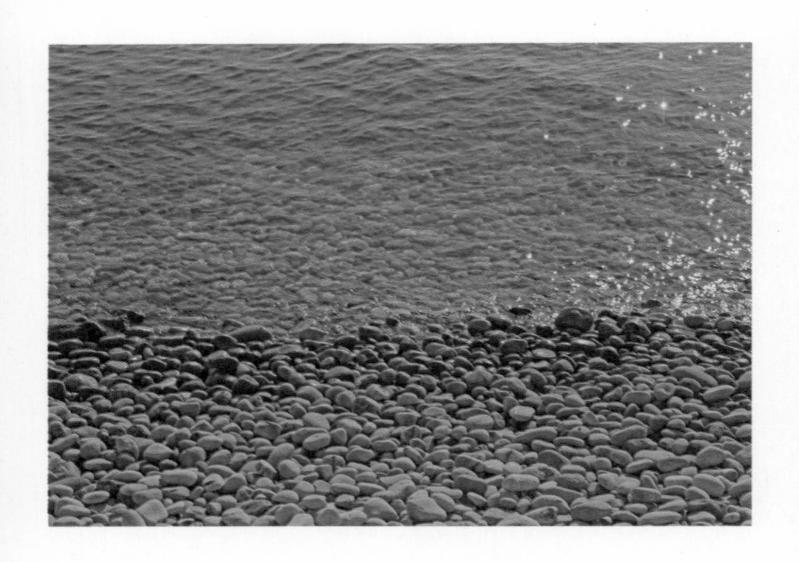

금진항에 도착하면 심곡항까지 더 걸을 엄두가 나지 않을 것이다. 시간만 맞춘다면 파출소 앞에서 심곡항까지 가는 113번 버스를 탈 수 있다. 8시, 9시에 한 대씩 있고, 그다음 버스는 오후 1시 50분에 있다(금진해변에서 일찍 출발해야 하는 이유가 여기에 있다). 반드시 앞문이나 뒷문 바로 뒤에 타자. 생애 가장 아름다운 한 정거장이 눈 앞에 펼쳐질 테니 말이다. 버스는 강릉 시내가 종점이니 타고서 쭉 가도 좋고, 심곡항에서 내려 '정동심곡 바다부채길' 트레킹을 해도 좋다.

금진과 심곡에서는 '망치매운탕'을 꼭 먹어야 한다. 망치라는 조그만 물고기가 들어가서 망치매운탕이다. 심곡항에 있는 '시골식당'에 들어가 "혼자 왔는데 괜찮을까요?"라고 물으면 "혼자 왔으니 더 잘해줘야지"라는 말이 돌아온다. 망치매운탕에 공깃밥 하나를 시키면 둘이 먹어도 남을 정도로 한솥 가득 매운탕이 나온다. 버스를 타고 바로 강릉 시내까지 가면 편하겠지만, 심곡항에서 강릉까지 가는 방법은 얼마든지 있으니 고민하지 말고 먹고 가자. 어차피 식당 바로 앞에 버스 정류장이 있으니까.

강원도 강릉시 강동면 헌화로 665-1
033-644-5312
망치매운탕 8,000원. 공깃밥 1,000원
매일 아침 9시~오후 6시 (매월 첫째, 셋째 주 화요일 휴무)

강릉에 가기 전 체크해두어야 할 50곳

PLACE 50

담당 에디터가 다시 발로 뛰어 취재한
'영화 촬영지, 인터뷰이 추천, 어반플레이 추천' PLACE 50

강릉역
Gangneung Station 江陵驛

주문진

JUMUNJIN

PLACE 50

1

강릉에서 가장 붐비는 해변 중 하나이다. 최근에는 방탄소년단의 세 번째 한국 리패키지 앨범 'You never walk alone' 재킷 촬영지로 더 유명해졌다. 해변 입구부터 촬영지까지 안내하는 표지판이 촘촘히 놓여 있어 쉽게 찾아갈 수 있다. 촬영을 위해 제작된 것이라곤 버스정류장 하나가 전부라서 방탄소년단 팬이 아니라면 좀 싱겁게 느낄 것이다.

강원도 강릉시 주문진읍 주문북로 210
033-640-4535

2 좌판어시장

이름 그대로 좌판이 죽 늘어선 어시장이다. 해산물을 구경하며 좁은 길을 따라 걸으면, 호객하는 소리, 흥정하는 소리로 왁자지껄해 정신이 없다. 애플리케이션에 지도 정보가 없으니 주문진에 도착해 현수막을 따라 가거나 물어서 찾아가야 한다.

3 주문진항

좌판어시장 바로 옆에 있다. 오후에 가면 경매가 끝난 흔적을 곳곳에서 볼 수 있다. 이국적 정취가 느껴진다는 사람도 더러 있다.

강원도 강릉시 주문진읍 해안로 1758-22 **033-662-3639**

〈도깨비〉 방사제

강릉 바닷가에는 방사제가 많다. 그래서 어떤 것이 〈도깨비〉에 나왔는지 알기 힘들다. 사람들도 다 자기 동네 방사제가 진짜라고 하니 알 길이 없다. 그럴 땐 이것만 기억하자. 강릉의 방사제는 트라이포드로 만든 것과 아닌 것, 두 종류로 나뉜다는 사실. 〈도깨비〉에 나왔던 방사제는 구식이라 트라이포드가 없다.

Tip. '카페 쿠바'에서 조금만 걸어 내려가면 '진짜' 방사제를 만날 수 있다.

5

카페 쿠바

강릉 카페는 주로 한곳에 모여 있다. 늘 북적거려서 느긋이 다니기에는 적합하지 않다. 해변 한적한 카페를 가고 싶다면 이곳을 추천한다. 창가에 앉으면 바다가 차분히 펼쳐지니 생각을 정리하기에 좋다. 조성규 감독의 〈내가 고백을 하면〉을 보고 가면 더욱 좋다.

강원도 강릉시 주문진읍 해안로 1627
033-662-0118
매일 오전 11시~오후 10시

오늘의 드립커피 4,500원

평창식당

주문진에서 40여 년을 장사한 이곳의 터줏대감이다. 탕, 조림, 찌개, 국밥 등 무얼 먹든 맛있다고 한다. 조성규 감독의 영화 〈내가 고백을 하면〉에 등장했다.

강원도 강릉시 주문진읍 주문로 122-1
033-662-4583
매일 오전 7시~오후 9시

곰치국 시가
생선구이 2인분 20,000원
소머리국밥 8,000원

사천

SACHEON

PLACE 50

2

① 진리해변길71

주문진과 사천이 고향인 두 대표가 운영하는 이탈리안 레스토랑이다. 지역에서 나는 해산물을 쓰기에 친숙하면서도 신선한 맛이 특징이다.

강원도 강릉시 사천면 진리해변길 71
033-645-5439
매일 오전 11시 30분~오후 10시
라스트 오더. 오후 9시
브레이크 타임. 오후 3시~5시
매주 월요일 휴무

71스테이크 38,000원
해산물 그라탕 20,000원
해산물 빠네 크림 파스타 18,000원

사천 물회마을에서 가장 입소문이 많이 난 곳이다. 우럭미역국도 인기가 많아 포장하는 손님으로 문전성시를 이룬다.

강원도 강릉시 사천면 진리항구길 51
033-644-1142
매일 오전 9시~오후 8시
매주 월요일 휴무

우럭미역국 10,000원
물회 및 회덮밥 가격은 재료에 따라 상이

3 사천항주문진물회

장안횟집과 함께 사천 물회마을에서 1,2등을 다투는 곳이다.
철 따라 물회 재료와 가격이 바뀌니 꼭 전화를 하고 가도록 하자.

강원도 강릉시 사천면 진리항구길 49
033-644-4866
평일. 오전 9시~오후 9시
토요일. 오전 9시~오후 10시
일요일. 오전 8시~오후 8시

해삼물회 20,000원
가자미물회 15,000원
회덮밥 15,000원

테라로사 사천점

사천진해수욕장에서 경포 쪽으로 어느 정도 내려와야 갈 수 있다. 낮에는 사람이 많아 주문하고 한참 기다려야 한다. 베이커리류는 오후 1시부터 구매 가능하다.

강원도 강릉시 사천면 순포안길 6
033-643-7979
평일. 오전 10시~오후 10시
주말. 오전 9시~오후 10시

카페라떼 5,000원
핸드드립 5,500원

경포
강문
초당

GYEONGPO
GANGMUN
CHODANG

3

1

보헤미안 경포점

허난설헌 생가, 빙상경기장 등 강릉 주요 장소 및 시내와 가깝다. 생각보다 붐비지 않으니 박이추 선생의 커피를 맛보고 싶다면 강릉 내 다른 지점보다 이곳을 우선 들러보자. 아침에 방문하면 그 유명한 '보헤미안 모닝 세트'를 먹을 수 있다.

강원도 강릉시 수리골길 121-4
033-646-5365
매일 오전 8시~오후 10시

커피 4,000~8,000원
보헤미안 모닝 세트 7,000원

강릉녹색도시체험센터

2

2017년 세워진 '강릉녹색도시 체험센터 이젠 e-zen'은 태양광과 지열 등을 이용하여 에너지를 자체적으로 생산, 소비하는 에너지 자립형 건물이다. '통합컨벤션동'과 '체험연수동' 두 곳으로 되어 있으며, 체험 프로그램, 숙박, 세미나실 등을 제공한다. 강릉 시내에서 묵을 예정이라면 이곳을 점찍어보아도 좋겠다.

강원도 강릉시 난설헌로 131
033-923-0200/0201
문의. 평일 오전 9시~오후 6시

예약 관련 자세한 사항은 홈페이지 참조

태광회식당

강문해변에 있는 식당이다. 옆에 있는 '옛태광식당'과 헷갈리곤 하는데, 그곳은 최근 녹색도시체험센터 근처로 자리를 옮겨 헷갈릴 일이 없을 것이다. 두 곳 모두 조성규 감독의 영화에 나왔다.

강원도 강릉시 창해로 382
033-653-0171
매일 오전 6시 30분~새벽 1시

우럭미역국 8,000원
전복해물뚝배기 18,000원

4 동심막국수

강릉 유명 막국숫집 앞에서 줄을 서기 싫다면 이곳에 가보자. 직접 빚은 메밀찐만두가 일품이다. 비빔막국수에 육수를 자작하게 부어 먹는 것을 좋아하는 이들을 위해 '물비' 메뉴도 있다.

강원도 강릉시 초당순두부길 97
033-651-7798
매일 오전 11시~오후 8시 30분

물·비빔·물비 막국수 각 7,000원
메밀찐만두 8,000원

감자려인,숙이

5

강문해변에서 30초 거리에 있는 소규모 게스트하우스이다. 단층으로 되어 있으며 가게 곳곳에 주인 부부 '그림자'와 '마녀'의 손길이 고스란히 묻어 있다. 한 번 이곳을 찾은 이들은 강릉에 올 때마다 이곳에 묵는다고. 게스트하우스의 분위기를 좋아한다면 이곳이 딱이다.

강원도 강릉시 창해로 351-2
033-653-2205
입실. 오후 3시 이후
퇴실. 오전 11시까지

2인실과 4인실이 있으며 자세한 내용은 전화 문의

농촌순두부

이 집이 다른 가게와 어떤 차이점이 있느냐고 묻는다면 원론적인 대답밖에는 하지 못하겠다. 국산 콩을 사용하고, 직접 만들며, 반찬을 다시 사용하지 않는다는 것. 가장 인기 있는 메뉴는 순두부전골정식이다. 생선구이에 다른 반찬까지 푸짐히 내어준다. 식사 시간에 방문하면 좀 기다려야 한다.

강원도 강릉시 초당순두부길 108
033-651-4009
매일 오전 6시 30분~오후 8시 30분
매월 첫째 주 수요일 휴무

순두부전골정식 15,000원
청국장정식 15,000원

7 깨북

편집디자인 스튜디오 '참깨'가 운영하는 독립서점이다. 문을 열고 들어서면 작업을 하던 주인장이 환한 얼굴로 맞이한다. 강릉 사람들의 이야기가 담긴 작품을 많이 만나볼 수 있다.

강원도 강릉시 강릉대로587번길 30
070-4234-4416
월, 화, 금, 토 오후 2시~오후 7시

초당커피정미소 8

1963년 세워진 정미소를 카페로 새단장한 곳이다. 탈곡기 부품을 그대로 두어 옛 정미소 풍경을 한껏 느낄 수 있다. 초당동 토박이인 주인장이 정미소가 사라지는 것이 안타까워 무작정 인수하였다고. 박이추 선생에게 하나부터 열까지 배워온 주인장의 커피 실력 또한 이곳의 매력이다.

강원도 강릉시 초당원길 67
033-653-2313
매일 오전10시~오후10시

아메리카노 2,500원
카페라떼 3,500원

문화재 전통·근대 가옥

PLACE 50

CULTURAL PROPERTIES TRADITIONAL & MODERN HOUSES

4

경포대

1

경포대라고 하면 다들 경포해변을 떠올리지만, 사실 경포대는 경포호 옆 언덕에 있는 정자의 이름이다. 옛날 선비들이 더위를 피해 이곳에서 시를 읊고 글을 썼다고 한다. 신기하게도 경포대 안에만 시원한 바람이 계속 들어와서 마냥 바람을 쐬고 앉아 있고 싶어진다. 경포호가 한눈에 보이니 꼭 잠시라도 앉았다 가기를 권한다.

강원도 강릉시 경포로 365

② 심상진가옥

해운정과 담 하나를 사이에 둔 기와집이다. 정확한 건축 시기는 알 수 없으나 17세기에 지어진 것으로 추정된다. 지금도 사람이 살고 있으며, 이 집의 주인이 옆에 있는 '400년집 초당순두부'도 운영한다.

강원도 강릉시 운정길 125
033-644-3516

③ 오죽헌

영화 〈봄날은 간다〉에서 은수와 상우가 첫 데이트를 하러 간 곳이다. 영화에는 자경문과 박물관 내부만 나오지만, 구석구석 둘러보면 한두 시간은 훌쩍 지날 정도로 볼 것이 많다. 드라마 〈사임당, 빛의 일기〉의 촬영 장소로 쓰이기도 했다.

강원도 강릉시 율곡로3139번길 24
033-660-3301
하절기. 3월 ~ 10월. 오전 8시~오후 5시 30분
동절기. 11월 ~ 2월. 오전 9시~오후 5시
매표시간 이후에는 입장 불가

어른 3,000원
만 65세 이상 무료

강릉오죽한옥마을

4

강릉시에서 평창동계올림픽에 맞춰 한옥 주거 문화를 알리기 위해 조성한 대규모 신한옥 숙박 단지다. 전통적인 공법으로 지어 한옥의 멋을 살리고, 내부 시설은 현대식으로 건축하여 지내는 데 불편함이 없도록 했다. 다양한 크기의 객실이 마련되어 있다.

강원도 강릉시 죽헌길 114
033-655-1117
입실. 오후 3시 이후
퇴실. 오전 11시까지

객실 별 요금 상이
자세한 사항은 홈페이지 참조

5 강릉대도호부관아

'도호부'는 고려시대부터 조선시대에 걸쳐 중앙의 관리들이 지방에 내려간 뒤 머물던 건물을 말한다. 그중 대(大)자가 붙는 곳은 전국에 다섯 곳밖에 없었다고 하니, 역사적으로 강릉이 얼마나 중요한 지역이었는지 가늠케 한다. 관아 내부 '임영관'의 현판은 고려시대 공민왕이 직접 쓴 것이다. KBS강릉 사옥 앞길을 따라 쭉 내려오면 구경하기 편하다.

강원도 강릉시 임영로131번길 6
033-640-4468

상시 이용 가능

서지초가뜰

6

창녕 조씨 종갓집, 일명 '조 진사댁' 한편에 마련된 전통 농가 음식 전문점이다. 서지마을 일꾼이 쓰던 농막을 개조한 곳이라고. 대표 메뉴는 '못밥'이며, 모내기하는 날 논두렁에 한상 가득 차려놓고 함께 나누어 먹던 음식이다. 300년 동안 대대로 전해내려오는 '송죽두견주' 또한 일품이다. 좁은 길을 따라 한참 들어가야 하니 택시를 타는 것을 추천한다. 조성규 감독의 영화에 자주 등장했다.

강원도 강릉시 난곡길76번길 43-9
033-646-4430
매일 오전 11시 30분~오후 8시 30분

못밥 15,000원
질상 20,000원
송죽두견주 10,000원

허난설헌 생가

조선 최고의 여성 문인인 허난설헌이 태어난 곳이다. 남매를 기념하기 위한 문학 공원과 기념관 등이 조성되어 있다. 녹색도시체험센터와 경포호에서 가까우니 꼭 들러서 솔숲까지 산책하고 가기를 추천한다.

강원도 강릉시 난설헌로193번길 1-16
033-640-4798

매일 오전 9시~오후 6시
매주 월요일 휴무

칠사당

조선시대에 일곱 가지 공무(호적·농사·병무·교육·세금·재판·풍속)를 보았던 관청이다. 대도호부관아와 함께 있다.

강원도 강릉시 명주동 칠사당 **상시 이용 가능**

시내
DOWNTOWN

5

1 포남사골옹심이

가게 이름에서도 알 수 있듯, 사골국물에 옹심이를 내어주는 게 이곳 특징이다. 옹심이도 송편도 양이 무척 많으니 이것저것 다 시키면 반도 못 먹을 수 있다. 감자송편은 쫄깃하고 달콤한 맛이 일품이다.

강원도 강릉시 남구길10번길 11
033-647-2638
매일 오전 11시 30분 ~ 오후 8시
매월 둘째, 넷째 주 수요일 휴무

사골옹심이국수 8,000원
사골순옹심이 9,000원
감자송편 9,000원

신짬

2

강원도에서 손꼽히는 짬뽕집이다. 직접 농사지은 고추를 사용하고, 육수 또한 매일 직접 내는 등 재료 어느 하나 소홀히 하지 않은 덕분이다. 캡사이신과 조미료 일색인 짬뽕에 신물이 난 이들에게 추천한다.

강원도 강릉시 중기길 19
033-642-8264
매일 오전 9시~오후 5시
매주 화요일 휴무

짬뽕 7,000원
짬뽕순두부 7,000원

파티스리순

3

전문 파티시에가 운영하는 에클레어와 마들렌 전문점이다. 제철 재료를 사용해 시즌별로 다른 에클레어를 선보인다. 커피와 차 외에 맥주도 판매하니 취향에 따라 골라서 즐겨보자. 사진 속 에클레어는 가을 특선 무화과에클레어.

강원도 강릉시 금성로 7
033-648-5699
매일 오전 11시~오후 9시
매주 월요일 휴무

바닐라 에클레어(상시) 6,000원
시즌 별 상이 6,000~8,000원

월화거리

강릉 철도 유휴 부지를 선형 공원으로 조성한 곳이다. 부스 형태 풍물시장에서 감자전, 메밀전병 등 주전부리를 사 먹을 수 있으며, 바로 옆에 강릉중앙시장이 있어 눈과 입이 심심할 새가 없다. 길가에 늘어선 건축물의 모습에서 강릉의 옛날을 발견할 수 있다.

강원도 강릉시 경강로 2112
033-640-5647

명성부침

강릉 주민들에게 사랑받는 곳으로 유명하다. 메밀전과 메밀전병은 무조건 3장 이상 판매하니, 너무 배가 부를 때 가면 곤란할 것이다. 영화 〈게스트하우스〉에 등장했다.

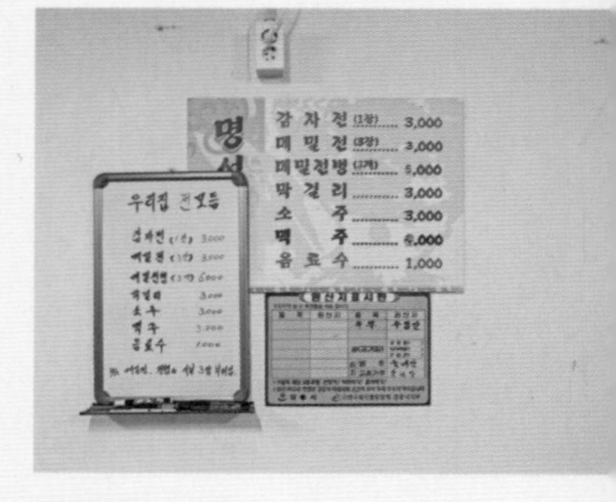

강원도 강릉시 중앙시장길 26
033-641-8697
매일 오전 9시~오후 10시

메밀전(3장) 3,000원
감자전(1장) 3,000원

2012년 문을 연 뒤 재정 문제로 문을 닫았다가, 사람들이 십시일반 후원금을 모아 2017년 다시 문을 열었다. 홍상수 감독의 〈밤의 해변에서 혼자〉에서 영희(김민희 분)가 혼자 영화를 보는 곳으로 나오는데, 재개관하며 리모델링을 하여 영화에 나오는 모습은 찾을 수 없다. 1관 200석 규모이다.

강원도 강릉시 경강로 2100
033-645-7415

상영시간표는 블로그에서 확인
https://theque.tistory.com/
매월 첫째 주 월요일 휴무

7 손병욱베이커리

30년이 다 되도록 강릉 시민에게 사랑받아온 빵집이다. 30여 가지 빵이 있으며 시식해보고 편히 구매할 수 있다. 다 맛있어서 무얼 살지 모르겠다면 편히 물어보자. 친절히 답해줄 것이다.

강원도 강릉시 토성로 157
033-646-8484
매일 오전 7시 30분~오후 11시 30분

마늘바게트 4,500원
시금치카스텔라 7,500원

마카조은

강릉에 처음 생긴 공정무역 카페이다. 마을 가운데에 있어 어르신들도 자주 들르곤 하여 동네 사랑방 역할을 한다.

강원도 강릉시 토성로 118
033-655-6820
매일 오전 10시~오후 10시
매월 셋째 주 일요일 휴무

핸드드립 커피 4,000원

9 빙그레김밥

30년 넘는 세월 강릉 시민의 김밥 입맛을 책임진 곳이다.
주문을 받았을 때 김밥을 말기 시작하고, 절대 미리 만들어두지 않는다.
소풍철에는 이곳 앞에 학부모들이 길게 줄을 서곤 한다고.
김밥은 두 줄씩 묶어 판매한다.

강원도 강릉시 토성로 151-4
033-642-4073
매일 오전 6시~오후 8시

야채김밥 3,500원
계란말이햄김밥 4,000원
라볶이 4,500원

바우길게스트하우스

10

ⓒ조혜원

강릉바우길재단에서 운영하는 곳이다. '강릉바우길'은 대관령에서 주문진, 옥계까지 강릉 구석구석을 다닐 수 있는 17개 트레킹 코스를 말한다. 게스트하우스는 모든 바우길 코스에서 접근하기 쉽도록 시내 중심에 세워진 것이라고. 성수기, 비성수기 상관없이 25,000원을 받는다.

강원도 강릉시 임영로180번길 25
033-645-0990

입실. 오후 3시 이후
퇴실. 오전 11시까지

고래책방

ⓒ고래책방

고래책방은 지하부터 각 층마다 '강릉', '여행', '삶'이라는 3가지 키워드로 매력적인 북 큐레이션을 선보인다. B1층은 강릉관련 작가, 문화, 여행, 커피, 빵 관련 책들을 소개하고, 1층은 커피와 빵을 즐길 수 있다. 2층은 문화행사가 함께하는 공간으로 꾸며져 있다.

강원도 강릉시 율곡로 2848
033-641-0700

매일 오전 9시~오후 9시

싸전

1977년 문을 열었다. 생도너츠, 고로케 등 '도나스'류 빵만 단출하게 판다. 한 봉지 가득 사서 시내를 돌아다니며 먹는 재미가 쏠쏠하다.

강원도 강릉시 금성로56번길 4
033-642-9056
매일 오전 9시 30분~오후 9시

모든 메뉴 800~1,000원

버튼 13

개업한 지 1년 정도 된 빵집이다. 페이스트리와 스콘, 식빵이 주력 상품이다. 한번 들를 예정이라면 이곳의 시그니처 메뉴인 다크초코 크루아상을 꼭 먹어보도록 하자. 입안 가득 초콜릿이 찐득하게 묻으며 바사삭 부서지는 식감. 그 조화는 먹어본 사람만 안다.

강원도 강릉시 명주로 4
033-641-8026
매일 오전 9시~오후 9시

플레인 스콘 1,800원
다크초코 크루아상 3,000원

명주예술마당

폐교된 초등학교를 시민들이 이용할 수 있는 음악 연습 공간으로 리모델링했다. 강릉에서 활동하는 예술가, 활동가 들이 개인 작업을 더 편히 하도록 마련한 것이다. '작은공연장 단'과 연계하여 연극제 등 문화제를 자주 여니 참고해보자.

강원도 강릉시 경강로2021번길 9-1
033-647-6803

매일 오전 9시~오후 10시
매주 월요일 휴관

15

작은공연장 단

옛 만민교회를 리모델링하여 공연장으로 바꾼 곳이다. 객석 120여 석 규모의 소극장으로 음악, 연극, 콘서트 등 다양한 공연을 선보인다. 근처 카페에 들렀다가 마음에 드는 공연이 있다면 즉석에서 표를 끊어도 좋을 듯하다.

강원도 강릉시 경강로2046번길 5
033-640-4807
운영시간은 공연에 따라 상이

홈페이지 또는 현장 예매

벌집

16

©조혜원

칼칼한 장칼국수가 유명한 40년 전통 벌집칼국수는 옛날 여인숙 건물을 그대로 사용하고 있는 식당이다.

강원도 강릉시 경강로2069번길 15
033-648-0866
매일 오전 10시 30분~오후 6시 30분
재료가 떨어질 경우 문닫음

매주 화요일 휴무
브레이크타임 오후 3시~5시
손칼국수 7,000원

17

봉봉방앗간

1940년대 문을 연 방앗간 '문화떡공장'이 있던 자리이다. 구도심이던 명주동이 쇠락하며 폐업한 뒤 10년 넘게 방치되었던 곳을 현 운영진이 카페 겸 문화공간으로 새롭게 꾸몄다. 옛날 방앗간을 추억하는 어르신들이 자주 방문하신다고. 문화 행사를 하는 날이 있으니 SNS에서 일정을 확인하고 방문하자. 홍상수 감독의 영화 〈밤의 해변에서 혼자〉 촬영 장소로 쓰이기도 했다.

강원도 강릉시 경강로2024번길 17-1
070-8237-1155
화~토. 오전 11시~오후 9시
일요일. 오전 11시~오후 6시
매주 월요일 휴무

핸드드립 커피 5,000원

용비집

18

1972년 문을 열었다. 장칼국수는 빨건 모습과 달리 맛은 순하다. 인터넷에 많이 나오는 곳에서 두세 시간 줄서느니, 현지인이 많이 가는 곳을 가보면 어떨까.

강원도 강릉시 남문길 20
033-646-2020
매일 오전 10시~오후 4시
매주 일요일 휴무

장칼국수 6,000원
사골곰탕 7,000원

이레맛집

명주로에 갔는데 장칼국수는 왠지 안 당긴다면 이곳을 추천한다. 추어탕, 곤드레밥, 닭볶음탕 세 가지만을 판매한다. 다녀온 사람 중 칭찬하지 않은 이가 없다.

강원도 강릉시 남문길 23
033-645-5465
매일 오전 11시~오후 7시 30분

곤드레밥 8,000원
추어탕 8,000원
닭볶음탕 小 15,000원

남산막국수

남산공원 바로 밑에 있어 남산막국수다. 슴슴한 막국수를 좋아하는 사람에게 딱이다. 찬 음식을 먹기 싫다면 메밀떡만둣국도 있으니 편히 가보도록 하자. 명주로에서 하천 하나를 건너면 갈 수 있다.

강원도 강릉시 강변로 222
033-645-2739
매일 오전 10시 30분~오후 8시
매달 두 번째 화요일 휴무

물막국수 7,000원
비빔막국수 8,000원
메밀떡만둣국 7,000원

버드나무브루어리

21

1926년 세워진 '강릉탁주공장'을 개조해 양조 명맥을 잇고 있다. 사천 미노리에서 수확한 쌀을 넣어 빚은 '미노리세션', 강릉의 옛 이름을 딴 '하슬라IPA' 등 맥주 하나하나에 강릉을 담았다. 수제맥주 정신 중 하나인 '로컬리티'를 A부터 Z까지 실천하는 곳이다.

강원도 강릉시 경강로 1961
033-920-9380
매일 정오~자정

미노리세션 7,000원
하슬라IPA 7,000원
샘플러 4종 18,000원

병산
BYEONGSAN

6

PLACE 50

정동진
심곡
JEONGDONGJIN
SIMGOK

1 솔바람 감자적

주문 즉시 감자를 갈아 적(전의 사투리)을 부친다. 모두 직접 농사를 지어 수확한 것이다. 전이 무척 크니 1인 1전은 신중히 생각하길 권한다. KBS 〈배틀트립〉 평창동계올림픽 편에서 인피니트 성종과 우현이 방문했다.

강원도 강릉시 공항길43번길 1
033-651-9696
매일 오전 11시~오후 9시

감자적 4,000원
닭발 8,000원

2 만선감자옹심이

다양한 방식으로 요리한 옹심이를 맛볼 수 있는 곳이다. 들깨감자옹심이, 장옹심이, 크림감자옹심이 등이 있다. 강릉에서만 생산되는 막걸리나 동동주를 꼭 곁들여 먹도록 하자.

강원도 강릉시 공항길 46
033-653-1851
매일 오전 11시 30분~오후 9시
매월 둘째, 넷째 주 월요일 휴무

들깨감자옹심이 5,000원
장옹심이 6,000원
크림감자옹심이 9,000원

정동심곡 바다부채길

3

정동진 썬크루즈 주차장과 심곡항 사이에 조성된 2.86km 트레킹 코스이다. 2300만 년 전 지각변동 흔적이 고스란히 간직되어 있는 해안단구로 천연기념물 제437호로 지정되었다. 기암괴석과 푸른 바다를 눈에 담다 보면 어느새 목적지에 닿아 있을 것이다. 트래킹 구간에 화장실이 없으니 참고하자.

정동 매표소. 033-641-9444
강원도 강릉시 강동면 헌화로 950-39
심곡 매표소. 033-641-9445
강원도 강릉시 강동면 심곡리 114-3

하절기. 4월~9월. 오전 9시~오후 5시 30분
동절기. 10월 ~3월. 오전 9시~오후 4시 30분
매표는 퇴장 1시간 전 마감
일반 3,000원. 청소년·군인 2,500원. 어린이 2,000원

강릉에 가기 전에 알아두면 좋은 깨알 정보

1

강릉은 택시 시스템이 잘 갖춰져 있다. 그렇기에 웬만한 곳은 택시를 타고 이동하면 훨씬 편할 것이다. 솔향콜, 개인택시 콜, 카카오택시 앱을 이용하면 된다.

솔향콜. 1588-8234 개인택시 콜. 1577-8659
Tip. 카카오택시, 개인택시 콜, 솔향콜 순으로 택시가 잘 잡힌다.

2

책에 소개된 숙박 시설 외에 다른 곳을 이용하고 싶다면 '강릉 숙박시설 공실정보 안내 시스템'을 이용하자. 강릉시에서 운영하는 웹사이트로, 강릉 숙박 업소 정보를 가격별, 권역별로 안내하고, 원하는 날짜에 예약이 가능한지 알려준다.

https://stay.gn.go.kr/

3

책에 소개된 식당 외에 다른 곳을 가보고 싶다면 '강릉시 관광과 홈페이지'에서 음식 탭에 들어가보자. 각 식당의 이야기와 대표 메뉴, 주소, 전화번호 등을 알기 쉽게 정리해두었다.

4

버스 도착 정보는 '강릉버스정보시스템'을 이용하면 한눈에 알 수 있다. 애플리케이션과 웹사이트 모두 이용 가능하다.

https://mbis.gn.go.kr/

5

영동선과 바다열차가 강릉역까지 개통되면서, 강릉역-정동진역 간 셔틀버스는 더는 운행하지 않는다.

忽迷路千峰穠葉裏

GU
KKU U.S.A.
since1970
U.S. ARMY
U.S. ARMY
THE
CENTER

GUKKU.GANGNEUNG.INFORMATION
since 1970

한일수산
T.642-3674
불법주정차
CCTV 단속구간
강릉시

MOTEL
약속교회
연세요양병원
강릉연세요양병원

Passion.Connected.
Welcome to
Welcome to

강릉숙박 모든정보
Welcome to
Passion. Connected.
Welcome to

퇴근하고 강릉 갈까요?

1판 1쇄 발행. 2019년 1월 11일
1판 2쇄 발행. 2019년 7월 19일

지은이. ㈜어반플레이
펴낸이. 김영곤
펴낸곳. 아르테

문학미디어사업부문 이사. 신우섭
문학사업본부 본부장. 원미선
기획. 김혜영 문재필
문학콘텐츠팀. 이정미 허문선 김지현 김연수
문학마케팅팀. 정유선 임동렬 조윤선 배한진
문학영업팀. 김한성 오서영
홍보팀장. 이혜연
제작팀장. 이영민
에디터. 최창근 송수아
사진. 최연정 최창근
디자인. 둘셋

출판등록. 2000년 5월 6일 제406-2003-061호
주소. 경기도 파주시 회동길 201(문발동) 10881
대표전화. 031-955-2100
팩스. 031-955-2151
ISBN. 978-89-509-7820-4 02980
아르테는 ㈜북이십일의 문학브랜드입니다.